5材料×3步

下班後的法式料理

サルボ恭子

瑞昇文化

本書向您保證

材料在

5 種以下

製作方法只要

3 個步驟

只需要這樣，

就能夠在家中烹煮出法國料理。

當然，不管是外觀或者口味，

完全就是「正統法國料理」。

為了讓大家能做出全套料理，

本書會依照前菜、沙拉、主菜、湯品、點心

的順序介紹下去。

La cuisine française en 5 ingrédients

心裡會想著「想要做做看法國料理」，我不禁想像，這應該是由於「希望餐桌上能夠有時髦點的氣氛、招待比較親密的人，大家一起開開心心地聊天」。因此我才開始思考，有沒有能夠讓人在想要動手做的時候，不需要太過勉強、還是能像平常的自己一樣，就能夠開心烹煮出來的法國料理呢？回神才發現，那不就是我平常課程當中教導學生的：「在有限材料及不花費功夫情況下製作的簡易法國料理」嘛。最多只需要 5 種、而且都是隨手可得的材料。希望能讓請客的主人能夠輕鬆愉快地接待客人，留在大家記憶當中的聚餐次數也能越來越多……。

サルボ 恭子

前菜   Entrées   沙拉   Salades

Sommaire

主菜 Plats

湯品 Soupes

點心 Desserts

本書內容固定事項

- 1 大匙 =15㎖、1 小匙 =5㎖、1 杯 =200㎖。
- 所謂 5 種以下材料，不包含鹽、胡椒、粗粒黑楜椒、炸油、水、熱水。
- 食材的照片可能與材料表上的分量有所不同。
- 本書當中的鹽，是使用法國布列塔尼地區蓋朗德產的天然鹽。並且區分為調味用的使用「顆粒鹽」、最後收尾添加的則是被稱為 fleur de sel（鹽之花）的「結晶鹽」。若使用其他地區的鹽，還請務必試吃後調整添加量。
- 「胡椒」為使用研磨器研磨黑胡椒粒（完整顆粒）得到的粉末；「粗粒黑楜椒」則是將黑胡椒粒用敲打的打碎後的顆粒。
- 雞肉高湯是使用並未添加鹽分的「丸どりだし」（日本スープ）。
- 食譜當中出現橄欖油時，用的是特級初榨橄欖油。
- 炸油使用沙拉油。
- 微波爐的火力為 600W。若使用的是 500W 的微波爐，請將加熱時間調整為約 1.2 倍。

Entrées

前菜指的是在主菜上桌以前，供客人享用的精緻小餐點。
也可以用來滿足口腹之慾、當成零食下酒菜、又或者是宵夜。
花點功夫在色調及擺盤方面，便能打造出令人感到愉悅的餐點。

玉米慕斯

只要使用罐頭玉米粒，馬上就能完成！

玉米粒罐頭

洋蔥

里肌肉火腿

奶油起司

鮮奶油

材料 ♀ 2 人份

玉米粒（罐頭）———— 1 罐（120g）

洋蔥（切薄片）———— 30g

奶油起司 ———— 40g

鮮奶油 ———— 1 大匙

里肌肉火腿 ———— 1/4 片

鹽 ———— 少許

做法 ⏲ 加熱時間：2 分 30 秒

1　將玉米罐頭倒在篩子上瀝乾，和洋蔥一起放入大碗中。用保鮮膜包起來，以微波爐加熱 2 分 30 秒。取下保鮮膜後於室溫中靜置放涼。

2　將步驟 1 中的材料及奶油起司、鮮奶油和鹽巴都放進食物調理機中，攪拌直到所有材料變為濃稠的樣子之後，盛裝到容器當中。

3　火腿切為 5mm 寬的細絲，擺放在步驟 2 的材料上。

Mémo

鮮奶油若能使用動物性材料，口味會更加濃郁。若沒有食物調理機，也可以用果汁機。或者用菜刀剁碎之後，以研磨盅來研磨攪拌也不錯。若想招待客人，可以先做到步驟 2 然後冷藏，這樣很快就能上桌。

酪梨醬前菜匙

材料的美味、酸味及香氣都呈現在小小的湯匙上，是餐廳風格十足的料理。請一口享用！

酪梨

蝦仁

奇異果

原味優格

蒔蘿

材料　　　👤 容易製作的分量

酪梨 ——— 1 個（約 360g）

原味優格 ——— 3 大匙

蝦仁（已水煮）——— 4 ～ 6 隻

奇異果 ——— 少許

蒔蘿葉 ——— 2 支

鹽 ——— 比 1/2 小匙再多一些

做法　　　🕐 加熱時間：0 分鐘

1 將酪梨的種子取出，剝去果皮之後切為可一口食用的大小。將酪梨、優格及鹽巴一同放入食物調理機中，攪拌直到所有材料變為濃稠狀。

2 將蝦仁剁碎；奇異果剝皮後切為 5 mm 塊狀；蒔蘿葉則切為 5 mm 寬。

3 將步驟 1 的材料盛裝於湯匙上；步驟 2 的材料用來妝點整體樣貌。

Mémo

如果不盛裝於湯匙上，也可以放進小玻璃杯等容器當中。如果要招待客人，可以在前一天先做好。但是，酪梨在選擇的時候，請挑選已十分成熟但並尚未開始軟爛的酪梨。若已經有軟爛情況，打好的醬料會隨著時間過去而開始發黑。若沒有食物調理機，可以用叉子背面或者菜刀敲碎這些材料。

生火腿蔥捲

沁人心脾的甜蔥，搭配生火腿的鹹味恰到好處。

長蔥

生火腿

雞蛋

月桂葉

材料 👤 容易製作的分量

長蔥的白色部分 —— 2 支（約 200g）
月桂葉 —— 1 片
生火腿切片 —— 3 片
雞蛋 —— 1 顆

鹽 —— 1/2 小匙
水 —— 1 杯

做法 🕐 加熱時間：約 20 分鐘

1 將蔥、月桂葉、鹽及水都放進平底鍋中開火，沸騰之後轉小火並蓋上蓋子，燜煮 10 分鐘左右待蔥變軟後關火，直接在室溫中靜置冷卻。

2 使用小鍋子將水煮開（此水不在食譜分量內），將雞蛋從冰箱中取出，輕輕放入煮滾的水中，煮 8 分 30 秒後取出，放進冷水裡（較硬的水煮蛋）。

3 將步驟 1 的長蔥兩支各切為 3 等分。生火腿則將一片對切後放上長蔥，將生火腿依長蔥長度摺起兩邊後捲起長蔥，盛裝在盤上。將步驟 2 的雞蛋去殼之後，將蛋黃和蛋白分開，並各自磨碎後灑上。

Mémo

長蔥如果先保留根部放進水中烹煮，比較不容易散開來、較好做後續處理。煮好後留在水中繼續浸泡放冷，鹽味和月桂葉的香氣也能更加滲入。這些都是讓餐點好吃的秘訣。

油漬風味甜椒

甜椒要確實烹煮才能帶出蔬菜本身的甜味。

甜椒

葡萄柚

醃漬鯷魚罐頭

橄欖油

材料 ♟ 容易製作的分量

甜椒（紅、黃）────各 1 個（約 440g）
橄欖油────2 小匙
醃漬鯷魚罐頭────2 片
葡萄柚果肉────2 片量

做法 ⏲ 加熱時間：約 10 分鐘

1　將甜椒對半直切後取出種子，再各直切為 3 等分後放入鍋中，添加大量冷水（不在食譜分量內）後開火。沸騰之後轉小火並蓋上鍋蓋，燜煮 10 分鐘左右直到甜椒變為柔軟帶口感後，關火待其冷卻。

2　將步驟 1 的甜椒切為 4 cm 寬，輕輕調整為圓弧狀，五彩繽紛地盛裝在盤上，淋上橄欖油。

3　將鯷魚切為 5 mm 塊狀；葡萄柚果肉切為 1 cm 塊狀。兩樣都灑在步驟 2 的甜椒上。

Mémo

甜椒還有一種處理方式，是將皮烤到變硬之後再剝掉甜椒皮，不過那樣並不是很好剝。如果用煮的，連皮都會變得非常柔軟，也不需要再多花一道功夫。裝盤的時候可以往一邊摺起來，讓甜椒變成有些捲起來的樣子，能更有立體感，還請務必試試。

咖哩風味烤薄切茄片

使用吐司烤箱，能讓茄子在品嘗時仍保有口感。

茄子

綜合葡萄乾

咖哩粉

紅酒醋

橄欖油

材料　👤 2 人份

茄子 ——— 3 支（約 240g）

紅酒醋 ——— 1 小匙

橄欖油 ——— 1 小匙

咖哩粉 ——— 少許

綜合葡萄乾（剁碎）

　　——— 稍少於 1 小匙

鹽 ——— 稍多於 1/3 小匙

做法　🕐 加熱時間：約 15 分鐘

1　切掉茄子蒂頭之後，使用吐司烤箱烤 15 分鐘左右，偶爾要翻動一下。用手摸摸看，如果已經柔軟到會有稍微凹陷的樣子，就直接放著待其冷卻。

2　將步驟 1 的茄子取出剝皮，橫切為一半後，再分別縱切為 4 等分。

3　將步驟 2 的茄子平鋪在盤上，依序淋上紅酒醋和橄欖油，然後將鹽及咖哩粉灑在整盤上，最後灑上葡萄乾。

Mémo

使用吐司烤箱來烤茄子並且直接放涼，茄子皮會變皺，比較容易剝掉。如果一開始就灑鹽，在淋橄欖油的時候會把鹽巴沖掉，因此鹽巴絕對要最後再灑。

鮪魚韃靼料理

以櫻桃蘿蔔及芥末的辛辣來濃縮鮪魚的美味。

鮪魚

細蔥

櫻桃蘿蔔

第戎芥末醬

橄欖油

材料　　　　　👤 容易製作的分量

生魚片用鮪魚塊（赤身）——— 140g

細蔥 ——— 2 根

櫻桃蘿蔔 ——— 小型 1 個

第戎芥末醬 ——— 2/3 大匙

橄欖油 ——— 1 大匙

鹽 ——— 1/4 小匙左右

做法　　　　　🕐 加熱時間：0 分鐘

1　將鮪魚切為 5 mm 塊狀。細蔥切為小段，並將白色和綠色的部分分開。櫻桃蘿蔔用切片器切為薄片。

2　將步驟 1 的鮪魚、細蔥白色部分、鹽、芥茉醬、橄欖油都放進大碗中混合攪拌，試吃一下，若覺得味道太淡就添加一些鹽巴（不在食譜分量內）拌勻。

3　將環型模具放在盤子正中央，把步驟 2 的材料填進模具塞滿，再將步驟 1 中細蔥綠色部分放在上面。拿起模具之後再使用蘿蔔片裝飾。

Mémo

韃靼牛排是生牛肉切為塊狀之後，與香料蔬菜拌在一起享用的餐點。這道食譜是使用鮪魚來代替牛肉，做些變化。如果沒有環型模具，也可以盛裝在圓型容器當中倒扣在盤上。喜歡的話也可以將三明治用的麵包烤到金黃酥香來搭配本餐點。

干貝卡爾帕喬

干貝的美味、草莓的酸甜及殘留在口中的杏仁香氣都令人回味無窮。

干貝

草莓

洋蔥

杏仁片

橄欖油

材料　　　　　　　　　　　🍴 2 人份

干貝（生魚片用）——— 6 個（約 100g）

草莓 ——— 1/2 顆

洋蔥（剁碎）——— 少許

杏仁片 ——— 1 小匙

橄欖油 ——— 稍多於 1 小匙

鹽 ——— 1/3 小匙

粗粒黑胡椒 ——— 少許

做法　　　　　　　　　🕐 加熱時間：約 5 分鐘

1　將草莓切為 5 mm 塊狀；干貝依其厚度切為一半。

2　將杏仁片放入平底鍋中以小火炒 5 分鐘左右。若已經上色且有香氣，就關火後移到托盤上。冷卻後用手剝成碎片，添加橄欖油和鹽拌勻。

3　將步驟 1 中的干貝盛裝在盤上，淋上步驟 2 的杏仁片之後，將草莓與洋蔥五彩繽紛盛裝在干貝上，最後灑上粗粒黑胡椒。

Mémo

此處使用的胡椒，是將黑胡椒粒（完整顆粒）打碎後所取得的胡椒粒。香氣十足，能夠成為口味的重點。

Carpaccio de noix Saint-Jacques　19

綠蘆筍雞肉凍

清涼感十足的肉凍。要切得大方美麗,秘訣就是「連鋁箔紙一起切」。

雞柳條

蘆筍

雞肉高湯

明膠

橄欖油

材料 　🍴 磅蛋糕模具 1 個量
（7.5 × 17 ×高 5.5 cm）

蘆筍 —— 6 根（約 180g）

雞柳條 —— 5 根（約 175g）

雞肉高湯 —— 500㎖

板狀明膠（或粉狀明膠。

　依指示加水增量）—— 20g

橄欖油 —— 適量

鹽 —— 1/3 小匙 + 近 1 小匙

結晶鹽（擺盤用）—— 適量

Mémo

磅蛋糕模具在使用前要先確認是否會漏水。冰冷的肉凍會稍微淡化鹽味,因此要留心在溫溫的狀態下覺得「鹽味非常明顯」的話才是剛剛好。

做法　　　　　　🕐 加熱時間：約 10 分鐘

1 將雞柳條去筋後縱切為 2 ~ 3 等分,灑上 1/3 匙的鹽,靜置 10 分鐘。蘆筍切去堅硬的根部後,依其長度切為對半。

2 將雞肉高湯、步驟 1 的雞肉、近 1 小匙的鹽巴放進鍋中開火,沸騰之後去浮沫。將火關小一點放入蘆筍的下半段,再次沸騰後再放入蘆筍的上半段。重新沸騰以後關火,以手撕碎明膠,混入鍋中融化。

3 將鋁箔紙完整鋪在模具內,並讓紙從兩邊稍微垂下。將步驟 2 的材料倒進模具當中,注意要讓材料完整鋪在模具內,之後放進冰箱冷卻。表面凝固之後就在表面包上保鮮膜,將兩邊的鋁箔紙摺回上面包起並加上重物壓著（如照片）,在冰箱放一整晚。切開來盛裝於盤上後,再淋上橄欖油並灑上結晶鹽。

放上相同尺寸的模具,再放兩罐啤酒到模具上的話,就能有非常平均的力道。

Terrine de poulet et asperges　21

番薯雞肉巴西里凍

最適合用來招待客人的一道餐點。先做好了放著，隨著時間流逝，味道也會越來越濃郁，更加美味。

雞絞肉

番薯

巴西里

雞蛋

芝麻醬

材料　　　👤 圓柱型模具（半圓）1 條量
（容量 200㎖）

番薯 ──── 1/2 條（約 50g）

雞絞肉──── 150g

巴西里葉（剁碎）──── 1 大匙

蛋液 ──── 1/4 顆量

白芝麻醬 ──── 1 大匙

鹽 ──── 2g

胡椒 ──── 適量

做法　　　🕐 加熱時間：33 ～ 39 分鐘

1　用保鮮膜將番薯包起來，以微波爐加熱 3 ～ 4 分鐘，連皮切成四等分長條。

2　將番薯以外的材料都放進大碗當中，充分攪拌均勻，在模具中鋪上烤盤紙，並將材料倒進模具中至九分滿。將步驟 1 的兩條番薯，以模具長度的方向並排，塞進肉泥當中，並將剩下的肉泥倒在番薯上，蓋上鋁箔紙。

3　使用已預熱到 160℃ 的烤箱烤 30 ～ 35 分鐘。使用鐵籤刺中央處，停留 2 ～ 3 秒後拔起，若鐵籤會變熱就表示已經烤好。靜置冷卻後，放進冰箱裡冰一晚。

Mémo

肉凍可以考量完成之後的截面圖來決定材料的擺放位置。挑選番薯的時候要考慮一下模具的尺寸。這張照片上是安排成番薯帶皮，且一片肉凍上有兩塊番薯的樣子。

Pâté de poulet et patate douce　23

鯖魚肉醬

使用去除多餘水分、美味加倍的鹽漬鯖魚，做出口味清爽的肉醬。

鹽漬鯖魚

巴西里

檸檬

原味優格

美乃滋

材料　　　🧍容易製作的分量

鹽漬鯖魚 ─── 切片 1 片（約 170g）

原味優格 ─── 2 大匙

美乃滋 ─── 1 又 1/2 大匙

巴西里葉（剁碎）─── 1 大匙

檸檬皮（無防腐劑）─── 1/2 顆量

鹽 ─── 適量

做法　　　🕐 加熱時間：約 3 分鐘

1　將鯖魚放入耐熱容器當中，包上保鮮膜。使用微波爐加熱約 3 分鐘左右後取出，靜置冷卻。

2　將步驟 1 的鯖魚去除魚皮及魚骨之後，用叉子背面將魚肉搗碎，使其成為片狀。添加優格、美乃滋、巴西里之後試一下味道。若覺得味道太淡，就添加一點鹽巴拌勻，放入冰箱中冷藏約 10 分鐘左右。

3　削下檸檬皮混入步驟 2 的材料當中，盛裝於容器裡。可以隨喜好搭配切為薄片的法國麵包或者吐司麵包。

Mémo

法文中的肉醬（Rillettes）是指將肉類或魚類處理成片狀後，添加其他材料混合，用來沾麵包或者當成醬料使用的料理。可以放進保存容器當中，放進冰箱可以保存 4 ～ 5 天。

鹽漬鱈魚可樂餅

大蒜的香氣令人食指大動。圓滾滾小巧的尺寸容易入口，也令人十分開心。

鹽漬鱈魚

馬鈴薯

大蒜

雞蛋

低筋麵粉

材料　　　　　　　👤 12 個分

鹽漬鱈魚 ——— 2 片（約 360g）

大蒜 ——— 1 瓣

馬鈴薯 ——— 1 顆（約 80g）

雞蛋 ——— 1 顆

低筋麵粉 ——— 適量

炸油 ——— 適量

做法　　　　　　🕐 加熱時間：約 10 分鐘

1 將大蒜的外皮剝去後，切為薄片；馬鈴薯去皮後切為薄片。將大蒜、馬鈴薯和鹽漬鱈魚都放進耐熱容器中，包上保鮮膜，加熱 5 分鐘左右取出，稍微冷卻一下。

2 將步驟 1 的鹽漬鱈魚去除魚皮和魚骨後，一邊用叉子背面將魚肉搗碎，同時要添加大蒜和馬鈴薯，稍微搗勻。加進雞蛋之後拌勻，試一下味道，若覺得味道太淡，就添加一點鹽巴（不在食譜分量內）拌勻。

3 將步驟 2 的肉泥均分為 12 等分，在加熱炸油的時候，把低筋麵粉灑在肉泥丸的表面。使用中溫（170～180℃）的油炸 3 分鐘左右，稍微有上色的樣子便可起鍋，將油瀝乾。

Mémo

鹽漬鱈魚的鹽分會因產品而異，還請務必先試過味道。注意低筋麵粉不要灑太多。如果只有薄薄一層，口感上會比較輕盈爽快。

清爽橄欖油煸炒烏賊佐麵包丁

烏賊的風味與吸收了大蒜、橄欖油的法國麵包都非常美味。推薦搭配白酒的一道餐點。

烏賊　　　　　　　綜合橄欖　　　　　　大蒜

法國麵包　　　　　橄欖油

材料　　　　　　　　🧍2 人份

烏賊 ——— 2 小隻（約 220g）

綜合橄欖 ——— 10 粒

大蒜（切薄片）——— 1 瓣

法國麵包 ——— 6 ㎝長（約 25g）

橄欖油 ——— 1 大匙 ＋ 1 大匙

鹽 ——— 2/3 小匙左右

胡椒 ——— 適量

Mémo

烏賊要小隻又柔軟的比較好吃。如果沒有的話，也可以使用一尾大的烏賊。煸炒的時候，要先將法國麵包炒過，重點就在於起鍋前馬上將火轉大放入烏賊，讓熱橄欖油以短時間流動，快速加熱。

做法　　　　　　🕐 加熱時間：約 10 分鐘

1 將手伸入烏賊身體裡，拉出烏賊腳和內臟、去除軟骨。仔細清洗烏賊之後剝皮。將烏賊腳與內臟分開，眼睛和嘴巴也去掉。腳切為 3 ～ 4 隻腳一塊，並將身體切為 1 ㎝寬的圓圈，鰭邊也切成 1 ㎝寬。法國麵包切為 1.5 ㎝塊狀。

2 將橄欖油 1 大匙及大蒜放入平底鍋中，開小火。炒到大蒜香氣飄出之後，放入麵包丁，炒到麵包變得有些金黃色。

3 將 1 大匙橄欖油倒入步驟 2 的鍋中，將火轉為中火，把烏賊和橄欖放入，上下翻炒。等到烏賊腳捲起後，就關掉火，並添加鹽巴與胡椒調味。

韃靼風味五彩番茄

酥脆且香氣四溢的的派皮，與濃縮了美味的迷你番茄共同演出的餐點。

彩色番茄

百里香

冷凍派皮

材料 　🍴 瑪芬模型 6 個份
（直徑 7 × 高 3.5 cm）

彩色番茄 —— 18 個

冷凍派皮 —— 1 片（100g）

百里香 —— 6 枝

橄欖油 —— 1 大匙

義大利香醋 —— 1 又 1/2 大匙

鹽 —— 1/2 小匙

義大利香醋

橄欖油

Mémo

如果烤盤放了瑪芬模型之後還有放番茄的位置，就可以同時進行加熱工作。沒有重石的話，也可以使用烤碗或者乾燥的豆類。

好好放入重物下去烤，就能讓派皮有個漂亮的形狀。

做法 　🕐 加熱時間：約 50 分鐘

1 將派皮切為六等分，鋪進烤盤上的瑪芬模型裡，將紙杯（又或剪裁為比派皮大一圈的烤箱紙）放上去，加上一些重量壓著（重石等物品），使用預熱到 200℃ 的烤箱烤約 20 分鐘左右。拿下重量及紙杯，再烤 3 ～ 4 分鐘，直到派皮呈現金黃色。

2 去除迷你番茄的蒂頭之後對半橫切，去掉種子和多餘果汁之後，將切面朝下放在鋪好烤盤紙的烤盤上。灑上鹽巴、將百里香的葉子由枝上採下後放到烤盤上，淋上橄欖油。使用預熱到 200℃ 的烤箱烤約 20 分鐘左右之後冷卻。

3 將義大利香醋倒入耐熱容器中，包上保鮮膜放入微波爐加熱 2 ～ 3 分鐘，使其變得有些濃稠狀。將步驟 **1** 的派皮由模型中取下，並把步驟 **2** 的番茄盛入派皮當中，注意顏色搭配，最後淋上濃稠的義大利香醋。

Tarte tatin aux tomates　　31

烤白花椰與綠花椰

只需要切開、拌勻、放入烤箱。異國風情的香氣令人食指大動。

Entrées

Salades

Plats

Soupes

Desserts

綠花椰

白花椰

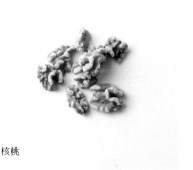

核桃

孜然

橄欖油

材料 　🍴 容易製作的分量

綠花椰 ——— 1 小棵（約 200g）

白花椰 ——— 1/2 棵（約 180g）

核桃 ——— 30g

孜然 ——— 1 大匙

橄欖油 ——— 1 又 1/2 大匙

鹽 ——— 近 1/2 小匙

做法 　🕐 加熱時間：約 20 分鐘

1 將綠花椰及白花椰自花頭以下的莖都切掉。剝去莖外側的皮後，切為寬度 3 ㎜的薄片，花頭部份切為寬 5 ㎜左右。核桃剁成較大的碎片。

2 將步驟 1 的材料及剩下的材料全部放進大碗之中拌勻，放進耐熱容器。

3 使用預熱到 200℃的烤箱烤約 20 分鐘左右，直到呈現烤熟的顏色。

Mémo

白花椰和綠花椰不要分成一朵朵的樣子，而是要切成細細的片狀。這樣的話會比較好烤熟，也會有與平常不太一樣的口感及外觀。非常適合用來招待客人。

Brocoli et chou-fleur rôtis　33

焗烤馬鈴薯

任誰看到都會非常開心的一道餐點。重點就是加入與奶油十分對味的肉荳蔻。

馬鈴薯

培根

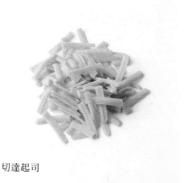

切達起司

鮮奶油

肉豆蔻粉

材料	👤 容易製作的分量

馬鈴薯 ——— 3 小顆（約 80g）

培根片（切細絲）——— 2 片量（約 35g）

肉豆蔻粉 ——— 1/4 小匙

鮮奶油 ——— 120mℓ

切達起司（條狀款）——— 20g

鹽 ——— 1/3 小匙左右

粗粒黑胡椒 ——— 少許

做法　　　　　🕐 加熱時間：約 20 分鐘

1　將馬鈴薯去皮後切成薄片，放進耐熱容器當中排成圓形。

2　將起司與粗粒胡椒以外的材料全部放進大碗當中，攪拌均勻，倒進步驟 1 的馬鈴薯當中。使用預熱到 200℃的烤箱烤約 20 分鐘左右。等到烤成金黃色，用竹籤戳馬鈴薯，確認馬鈴薯已經變軟之後，將東西從烤箱中取出。

3　把起司全部放上去，最後灑上黑胡椒。

Mémo

馬鈴薯自己會出水，因此鮮奶油用量要少一些。如果沒有切達起司的話，也可以使用披薩用起司。

法式薄燒披薩

野生芝麻菜辛辣的口味是整道菜的重點。將派皮延展開來烤成披薩。

粗磨肉腸

洋蔥

野生芝麻菜

冷凍派皮

酸奶油

材料　　　👤 容易製作的分量

冷凍派皮 ——— 1 片（100g）

酸奶油 ——— 60g

洋蔥（切薄片）——— 1/4 顆（約50g）

粗磨肉腸 ——— 3 條（約60g）

野生芝麻菜 ——— 7 ～ 8 根

做法　　　🕐 加熱時間：約 10 分鐘

1 派皮放在烤盤紙上，用擀麵棍將派皮延展成厚度 2 ㎜ 左右，將派皮整面都用叉子戳洞之後，放入冷凍庫約 10 分鐘。將粗磨肉腸切成大塊。

2 將派皮自冷凍庫中取出，塗上酸奶油，大致上切為可兩口吃完的大小之後，灑上洋蔥及粗磨肉腸塊。

3 使用預熱到 220℃ 的烤箱烤約 10 分鐘左右，呈現金黃色即可取出、盛裝於盤上。用手撕碎芝麻菜灑上。

Mémo

法式薄燒披薩是法國亞爾薩斯地區一種傳統料理，和薄片披薩很像。野生芝麻菜的特徵就是有強烈的辛辣味。如果沒有的話，也可以使用普通的芝麻菜或蘿蔔葉等菜苗。

櫛瓜迷你鬆餅

大量添加了櫛瓜。就算不沾醬料也非常美味的鬆餅。

櫛瓜

鵪鶉蛋

巴西里醬

低筋麵粉

橄欖油

材料　　　　　　　　👤 2 人份

櫛瓜 —— 1 條（約 150g）

鵪鶉蛋 —— 3 顆

巴西里醬（市售商品）—— 1 大匙

低筋麵粉 —— 60g

橄欖油 —— 2 小匙

水 —— 1/4 杯

鹽 —— 1/4 小匙左右

做法　　　　　　　　🕐 加熱時間：約 15 分鐘

1　去掉櫛瓜的蒂頭，一半切為厚度 5 mm的圓片，剩下一半則磨成泥。將 1 顆鵪鶉蛋、磨成泥的櫛瓜、巴西里醬、低筋麵粉、水、鹽巴放入大碗當中，以打蛋器徹底攪拌均勻。

2　將橄欖油倒入平底鍋中，以較強的小火加熱，並將步驟 1 的麵糊盛 1 大匙倒入鍋中，每個大匙麵糊之間都留些間距。將另外兩顆鵪鶉蛋打在縫隙之間，同時也放入櫛瓜的圓形切片。

3　等到麵糊和櫛瓜煎出顏色之後就翻面，煎好另一面。蛋可以憑個人喜歡的熟度時取出，將所有東西都盛裝於盤上。

Mémo

這個鬆餅因為做得非常小，所以很快就能煎好。和鯖魚肉醬（p.24）也非常對味。巴西里醬可以挑選不是只有巴西里和橄欖油的那種，推薦使用當中添加了起司或堅果的調味巴西里醬。

Blini de courgette　39

Salades

材料不多又能馬上完成，卻能讓人感到滿足的沙拉是多不勝數。

主要角色的蔬菜，只要添加一些香料或豆子等材料，

便能為整體口感及味道增添重心。

番茄西瓜沙拉

番茄與西瓜的酸味及甜度平衡得恰到好處。

水果番茄

西瓜

香菜

檸檬

塔巴斯科辣椒醬

材料	👤2 人份

水果番茄 —— 2 顆（1 顆約 60g）

西瓜（紅色果肉） —— 150g

香菜 —— 1～2 株

檸檬汁 —— 1 大匙

塔巴斯科辣椒醬 —— 適量

鹽 —— 近 1/2 小匙

做法　　　🕐 加熱時間：0 分鐘

1 去掉水果番茄的蒂頭，挖掉種子、切成八等分山形；西瓜去掉種子後切為 1.5 cm 塊狀。香菜去掉根之後切為 5 mm 寬度。

2 將步驟 1 中的水果番茄及西瓜放入大碗當中，加入鹽及檸檬汁攪拌混合幾次。

3 將步驟 1 中的香菜加入步驟 2 的大碗當中，灑上塔巴斯科辣椒醬，迅速的盛裝於盤中。

Mémo

番茄也可以使用水果番茄以外的種類，建議使用糖分高、較甜的品種。將切好的材料一次混合也行，不過若分成兩次來拌的話，出水情況會比較不那麼嚴重。沙拉因為菜色簡單，所以攪拌方法也非常重要。

橘子芹菜沙拉

清爽的芹菜香氣與橘子非常對味。

臍橙

芹菜

巴西里

白酒醋

橄欖油

材料　　　　　　👤 2 人份

芹菜（整株當中較為柔軟的莖）
　　　── 18 cm左右（約 70g）

白酒醋 ──── 近 1 大匙

臍橙 ──── 1 顆（約 180g）

巴西里葉 ──── 大 2 片

橄欖油 ──── 1 大匙

鹽 ──── 1/2 小匙

做法　　　　　　🕐 加熱時間：0 分鐘

1　將芹菜斜切為 2 mm薄片，泡在鹽與白酒醋當中約 10 分鐘左右，使其變得稍軟一些但仍保留口感。

2　用菜刀去除臍橙的表皮及白色部份，將橘子切為厚度 5 mm的圓片，盛裝在盤上。

3　將巴西里葉直切一半之後，以與纖維垂直方向切絲，和橄欖油一起與步驟 1 的材料快速地拌一下，盛裝在步驟 2 的橘子片上。

Mémo

若芹菜外側的皮非常堅硬，請用削皮器去筋。也可以用蕪菁或苦菜取代芹菜來做這道餐點。臍橙可以用柳橙取代，使用柳橙的話請去除薄膜之後切成山形。另外，白酒醋也可以使用米醋或者檸檬汁來代替。

起司白葡萄風味綠色蔬菜沙拉

白綠相間的美麗色彩令人食指大動的一道餐點。

萵苣

白葡萄

茅屋起司

蒔蘿

橄欖油

材料	♟ 2 人份

萵苣 —— 1 個

茅屋起司 —— 40g

白葡萄（無籽）—— 8 粒

蒔蘿 —— 1 支

橄欖油 —— 3 又 1/2 大匙

鹽 —— 1/2 小匙

做法　　　　　　　　🕐 加熱時間：0 分鐘

1　將萵苣連菜芯縱切為 4 等分，葡萄對半縱切。

2　去除蒔蘿葉莖較硬的部分後剁成大段，放入大碗當中，加進茅屋起司、鹽巴及橄欖油拌勻。

3　將步驟 1 的萵苣及葡萄盛裝到容器當中，淋上步驟 2 的配料。

Mémo

葡萄建議使用沒有葡萄籽、且可連皮一起實用的品種。重點是將著清爽但仍風味濃郁的茅屋起司，搭配酸味及甜味都溫和的白葡萄，和萵苣拌在一起享用。

Salade verte aux raisins blancs et au fromage　　45

甜菜與豆瓣菜沙拉

入味的甜菜與豆瓣菜搭配，口味相輔相成剛剛好。

甜菜

豆瓣菜

顆粒芥末

蜂蜜

橄欖油

材料　　　　　　　　　　　♔ 2 人份

甜菜（罐頭）———— 1/2 罐（100g）

豆瓣菜———— 1 把

顆粒芥末———— 1/2 大匙

蜂蜜———— 1/2 大匙

橄欖油———— 1 大匙

鹽———— 少許

做法　　　　　　　　　　🕐 加熱時間：0 分鐘

1　將甜菜以濾網將水瀝乾。豆瓣菜稍微沾點水、讓菜有點活力，以手撕成容易食用的大小後，用廚房紙巾將水吸乾。

2　將顆粒芥末、蜂蜜、橄欖油、鹽及步驟 1 當中的甜菜都放入大碗中，攪拌混合。試一下味道，若覺得太淡就再加些鹽（不在食譜分量內）。

3　將步驟 2 的材料盛裝於盤上、排成圓形，將豆瓣菜放在中間，疊成一座山。

Mémo

生的甜菜是處理起來有點麻煩的蔬菜，但是罐頭就能輕鬆買到了。不管是要切還是要過火都非常輕鬆。外觀也非常鮮豔，能作為餐桌上亮眼的一道餐點。

摩洛哥風紅蘿蔔沙拉

紅蘿蔔的甜味與孜然 & 肉桂的辛香味令人回味無窮。

紅蘿蔔　　　　　　　　巴西里　　　　　　　　　檸檬

孜然粉　　　　　　　　肉桂粉

材料　　　　　🚶 容易製作的分量

紅蘿蔔 —— 1 根（約 200g）

巴西里葉（剁碎）—— 稍多於 1 大匙

孜然粉 —— 2/3 小匙

肉桂粉 —— 1/2 小匙

檸檬汁 —— 1/2 大匙

鹽 —— 1/2 小匙

做法　　　　　🕐 加熱時間：約 5 分鐘

1 　將紅蘿蔔去皮之後切為厚度 5 ㎜的圓片。

2 　用鍋子將水煮滾之後，放入步驟 1 的紅蘿蔔片煮約 5 分鐘，將紅蘿蔔取出後，同時保留 1 大匙的湯汁。

3 　將步驟 2 的紅蘿蔔、湯汁、其他材料全部放入大碗當中，攪拌均勻，試一下味道，若覺得太淡就加點鹽巴（不在食譜分量內），攪拌均勻後盛裝於盤上。

Mémo

紅蘿蔔煮成有點軟的狀態，就會變得非常美味。用煮紅蘿蔔的熱水來溶化孜然粉和肉桂粉去攪拌的話，就能讓整體的味道變的更加均勻，香氣十足。

Salade de carottes à la marocaine　　49

鷹嘴豆南瓜沙拉

大量添加柚子胡椒,能夠打造出俐落口味。

鷹嘴豆

南瓜

雞蛋

柚子胡椒

橄欖油

材料　♨ 容易製作的分量

鷹嘴豆(水煮罐頭) ── 1/2 罐 (100g)

南瓜 ── 小型 1/8 個 (約 120g)

雞蛋 ── 1 顆

柚子胡椒 ── 1/2 大匙

橄欖油 ── 2 大匙

胡椒 ── 適量

做法　🕐 加熱時間:約 10 分鐘

1 南瓜去掉種子以後切為 1 cm塊狀。用鍋子將水煮滾後放入南瓜,煮約 3 ～ 4 分鐘,變軟了就拿出來。再次將水煮滾,將雞蛋從冰箱中取出,以湯勺放入水中,煮約 6 分鐘之後取出放入冷水中。

2 將鷹嘴豆瀝乾水分後,放入大碗中與步驟 1 的南瓜、柚子胡椒、橄欖油攪拌均勻。

3 將步驟 2 的所有材料盛裝到盤上,將步驟 1 的雞蛋剝殼之後對半切開放上,灑上胡椒。

Mémo

雞蛋的水煮時間,如果為 M 尺寸就煮大約 6 分鐘;L 尺寸就煮大約 6 分 30 秒。從冰箱取出的雞蛋,要用湯勺放到鍋底。如果先用圖釘之類的東西,在較尖的那端打個小洞再下去煮,會比較好剝殼。這道菜一開始會是非常明顯的柚子胡椒俐落氣味,但繼續吃下去,整體的味道就會整合在一起,變得比較柔和。

小扁豆沙拉

這是能強調出蔬菜及義大利香腸美味的一道沙拉。

小扁豆

紫色高麗菜

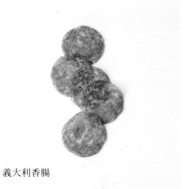

義大利香腸

義大利香醋

巴西里

材料　　🚹 **容易製作的分量**

紫色高麗菜 ——— 1/8 個（約 100g）

小扁豆 ——— 1/2 杯（約 90g）

義大利香腸（剁碎）

　　——— 約 8 小片（約 20g）

義大利香醋 ——— 1 又 1/2 大匙

巴西里葉（剁碎）——— 1 又 1/2 大匙

鹽 ——— 1/4 小匙

胡椒 ——— 適量

做法　　🕐 **加熱時間：約 10 分鐘**

1 　將紫色高麗菜切成容易入口的細長絲，灑上鹽巴等待 15 分鐘左右直到入味。

2 　將小扁豆放入鍋中，加入大量水（不在食譜分量內）開火。沸騰之後將火轉小，使其以緩慢沸騰的狀態，煮 7 ～ 10 分鐘直到豆子變軟，再將豆子撈起瀝乾。

3 　將步驟 1 的高麗菜瀝乾之後放入大碗中，加入步驟 2 的小扁豆與其他材料，攪拌均勻。試一下味道，若覺得太淡就再加些鹽巴（不在食譜分量內）攪拌均勻後裝盤。

Mémo

小扁豆是不需要特地先泡水，又非常適合快煮、很方便的豆子。除了沙拉以外，也經常用來搭配肉類或魚類料理又或者湯品，都非常方便。

油漬竹筴魚紫洋蔥沙拉

酸味加上水果醋的撲鼻香氣，是道宛如主餐的沙拉。

竹筴魚

紫洋蔥

紅辣椒粉

蘋果醋

橄欖油

材料   🧍 容易製作的分量

竹筴魚（片為三片）———— 2 條（約200g）

蘋果醋 ———— 2 大匙

橄欖油 ———— 1 大匙

紫洋蔥（切薄片）———— 1/2 顆（約180g）

紅辣椒粉 ———— 少許

鹽 ———— 1/2 小匙

做法   🕐 加熱時間：0 分鐘

1　將竹筴魚肉的那面塗滿鹽巴，放進冰箱裡靜置 10 分鐘左右。用廚房紙巾擦乾之後去骨剝皮。

2　將步驟 1 的魚肉放在托盤上淋滿蘋果醋。用保鮮膜包起，放入冰箱中靜置 20 分鐘左右。

3　由冰箱中取出，斜切為 4 等分，和紫色洋蔥一起盛裝在盤上。將橄欖油倒入托盤裡剩下的湯水，攪拌後淋在盤上。最後灑上一點紅辣椒粉在竹筴魚上。

Mémo

除了使用竹筴魚以外，也可以用沙丁魚或秋刀魚。蘋果醋如果換成葡萄柚果汁、橘子汁或檸檬汁的話，口味就會變得較為柔和。

庫斯庫斯沙拉佐章魚

庫斯庫斯包裹了章魚的鮮甜，十分美味。

庫斯庫斯

水煮章魚

嫩薑

迷你番茄

橄欖油

材料　　👤 容易製作的分量

庫斯庫斯 ── 1/2 杯（約 90g）

橄欖油 ── 1 大匙

水煮章魚腳 ── 1 支（約 100g）

嫩薑 ── 1 大瓣（約 40g）

迷你番茄 ── 6 顆

鹽 ── 1/2 小匙 + 少許

熱湯 ── 1/2 杯

做法　　🕐 加熱時間：0 分鐘

1 將庫斯庫斯放入大碗中，添加 1/2 小匙鹽巴與橄欖油、熱水。包上保鮮膜蒸 5 分鐘。

2 將水煮章魚及嫩薑切成一口大小，放進食物調理機當中，攪拌成非常細之後加進步驟 1 的庫斯庫斯當中。和庫斯庫斯仔細攪拌均勻之後試一下味道，若味道太淡就再添加一些鹽巴（不在食譜分量內）混合，盛裝於盤上。

3 將迷你番茄去蒂頭之後對半直切，灑上少許鹽巴，等過了 2 ～ 3 分鐘番茄變得有些糊糊的狀態之後，連同果汁一起淋在步驟 2 的盤上。

Mémo

用蝦鬆或者鮪魚罐頭來取代章魚也非常不錯。若是沒有嫩薑，也可以用老薑。若使用的是老薑，就使用薑末約 30g 左右。如果沒有食物調理機，就請用菜刀剁碎。

Plats

接下來是以肉類或魚類作為主角，分量滿分的主菜。

餐點的魅力就在於材料簡單卻能充分享用其各各自美味。

秘訣就在於使用香草、起司或芥末等提味，使口味更具有深度。

甜椒香烤豬肉與玉米

烘烤的餐點會讓人覺得分量十足，而且也能事前做起來放著，非常適合用來招待客人。

豬肩肉

玉米

薄荷

藍紋乳酪　　　　　　甜椒粉

材料　　　　👤 容易製作的分量

豬肩肉（整塊）────── 500g

甜椒粉 ──── 1 大匙

玉米 ──── 1 根（約 290g）

藍紋乳酪 ──── 約 100g

薄荷葉（用手撕碎）──── 隨個人喜好

鹽 ──── 近 1 小匙

做法　　　　🕐 加熱時間：約 28 分鐘

1　將鹽及甜椒粉平均灑在肉塊上。將肉放入塑膠袋中，擠出空氣封好，在冰箱靜置一整晚。

2　去掉玉米的葉片及玉米鬚，切為厚度 5 cm 的圓片，然後對半直切。將玉米平鋪在已經鋪好烤盤紙的烤盤上，將步驟 1 的豬肉由塑膠袋中取出，一起放上烤盤，放進預熱至 200℃ 的烤箱中烤 28 分鐘左右。取出之後在室溫下靜置 20 分鐘。

3　將步驟 2 的豬肉切為厚度 1 cm 的肉片，與玉米一同盛裝在盤上。以叉子絞碎藍紋乳酪，和一部分薄荷葉拌在一起，擺放到肉上，最後灑上剩下的薄荷葉。

Mémo

挑選油脂與肉質均衡，形狀漂亮的豬肉塊，享用的時候就會覺得肉質均一非常美味。大紅色甜椒粉充分滲入豬肉，會讓肉變成漂亮的粉紅色又帶辛香。

牛肉漢堡

藍莓與百里香的醬汁有著高雅的香氣。能夠一舉帶出牛肉的鮮美。

牛絞肉　　　　　　　　洋蔥　　　　　　　　　藍莓

百里香　　　　　　　　橄欖油

材料　　　　　　　　🧍2 人份

牛絞肉 —— 240g

洋蔥 —— 1/4 顆（約 70g）

橄欖油 —— 1/2 大匙

藍莓 —— 30 粒

百里香 —— 4 支

鹽 —— 近 1/2 小匙 +1/3 小匙

胡椒 —— 適量

水 —— 1/3 杯

做法　　　　　　⏱ 加熱時間：約 10 分鐘

1　剝掉洋蔥皮，一半剁碎，另一半則切丁。將剁碎的洋蔥、牛肉、近 1/2 小匙的鹽巴、胡椒一起放入大碗當中，快速的拌勻。開始有些黏之後就分成兩等分並捏成圓形。

2　將橄欖油放進平底鍋中，以較強的小火加熱，將步驟 1 的牛肉放進鍋中央。煎 2 ～ 3 分鐘，有確實煎過的顏色之後將肉翻面，蓋上蓋子蒸烤約 4 分鐘左右，將肉取出裝盤。

3　將剩下切丁的洋蔥放進步驟 2 的平底鍋中炒約 1 分鐘，再放進水、藍莓、連枝撕碎的百里香葉、1/3 小匙鹽巴。等到醬汁開始有些藍莓的顏色就關火，將醬汁淋在步驟 2 裝好盤的肉上。

Mémo

牛絞肉可能因人而異有不同喜好，不過推薦較為清爽、肉多脂少的部分。如果是比較大塊的絞肉，煎好之後也會留下口感，能夠成為餐點的口味重點。藍莓可以用冷凍的。

檸檬風味巴西里油漬雞肉

法國風格就是不會熱騰騰食用，而是在常溫或者冰冷狀態下享用。這是一道非常柔和的肉類料理。

帶骨雞腿　　　　　　檸檬　　　　　　義大利巴西里

帕馬森乾酪　　　　　橄欖油

材料　　　　　♣ 容易製作的分量

帶骨雞腿 ——— 2 支（約 600g）

橄欖油 ——— 1 大匙 +1 大匙

檸檬（不使用防腐劑）——— 1 顆

帕馬森乾酪（整塊）——— 10g

義大利巴西里 ——— 4 根

鹽 ——— 近 1 小匙

做法　　　　　🕐 加熱時間：約 15 分鐘

1　將鹽灑在雞肉上，於冰箱靜置一小時。

2　將烤盤紙鋪在烤盤上，把步驟 1 中的雞腿，皮朝上放置，淋上 1 大匙橄欖油。使用預熱到 220℃ 的烤箱烤約 15 分鐘左右直到皮看起來金黃香脆。

3　將雞肉盛裝在盤上，淋上 1 大匙橄欖油。將檸檬皮磨碎灑上，之後對半切開，榨出果汁淋上。另外再磨碎帕馬森乾酪灑上後，用手撕碎義大利巴西里葉灑上。靜置十分鐘後再行享用。

Mémo

將雞皮烤得金黃香脆，就會看起來非常美味。磨碎的帕馬森乾酪香氣十足，也能帶出更多口味。還請務必拿整塊的乾酪來削磨。

Mariné de poulet, citron et persil　63

芥末風味烤豬肉佐蘋果

只需要切塊、塗抹、放進烤箱。芥末的酸味能讓肉變得非常濕潤。

豬菲力肉

蘋果

肉桂棒

第戎芥末醬

橄欖油

材料　👤 容易製作的分量

豬菲力肉（整塊）——— 420g

蘋果 ——— 1/2 顆（約 125g）

第戎芥末醬 ——— 50g

肉桂棒 ——— 2 支

橄欖油 ——— 1 又 1/2 大匙

鹽 ——— 1/3 小匙

做法　🕐 加熱時間：約 15 分鐘

1　將橄欖油放進耐熱容器中。把肉桂棒切為 2 ～ 3 等分後，浸入橄欖油 10 分鐘。

2　將豬肉切成厚度 2 ㎝的肉塊；蘋果去掉蘋果芯之後，切為 8 等份山形片。

3　將蘋果排在步驟 1 的容器當中，然後將豬肉也排進去、灑上鹽巴。將第戎芥末醬大量抹在豬肉上，使用預熱到 200℃的烤箱烤約 15 分鐘左右。

Mémo

芥茉醬推薦使用第戎芥末醬，這是法國的黃色芥茉醬。這道餐點會有各種美味溶解在油品當中，再加上有肉桂的香氣，因此油品會變成非常美味的醬汁。

雞肉串燒

烤好的雞肉浸漬在口味使人印象深刻的醬汁當中，開始變軟便是享用的好時機。

雞腿肉

紫洋蔥

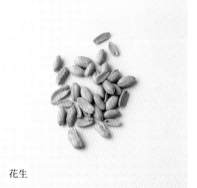
花生

魚露

橄欖油

材料 ♟ 容易製作的分量

雞腿肉 ——— 2 片（約 400g）

魚露 ——— 近 1 大匙

橄欖油 ——— 1 大匙

紫洋蔥（粗剁碎）——— 1/4 顆（約 60g）

花生（烤過）——— 20g

做法 🕑 加熱時間：約 8 分鐘

1 用叉子雞肉的雞皮那面戳滿洞，切為 5 cm 塊狀。把花生拍碎。

2 將步驟 1 的雞肉放進吐司烤箱（又或烤魚的燒烤架）當中，烤 8 分鐘左右，使表皮呈現金黃色且已裡面也熟了。

3 將魚露、橄欖油、紫色洋蔥、花生都放進托盤當中攪拌均勻，將步驟 2 的雞肉也放進去裹上醬料，靜置 10 分鐘左右。用籤串好雞肉，盛裝於盤上，將托盤上的醬汁都淋上去。

Mémo

法文當中的串燒叫做 Brochette。不管是先串起來烤，還是做好之後串起來裝盤的餐點，都是使用這個稱呼。花生可以使用零食那種含鹽的款式。

雞胸肉捲

能夠享用多汁的雞肉。生火腿及巴西里葉的組合也是絕配。

雞胸肉

生火腿

巴西里

橄欖油

材料　　　　　👤 容易製作的分量

雞胸肉 ——— 2 片（約 660g）

生火腿片 ——— 2 ～ 3 片

巴西里葉 ——— 6 ～ 7 片

橄欖油 ——— 1 大匙＋少許

鹽 ——— 1/2 小匙

Mémo

> 法文的 rouleau 是表示「捲起來」或者「漩渦」
> 的意思。這道菜是將雞肉擺放在口味重點——
> 生火腿和巴西里上捲起來。生火腿最好要鋪滿
> 整塊雞肉，若是不夠的話就要追加。先做起來
> 放在冰箱裡保存，也可以當做冷盤前菜。

用棉線緊緊綁起來，能夠讓做出來的樣子比較漂
亮。

做法　　　　　　🕐 加熱時間：約 18 分鐘

1　將雞肉去皮後直放，由中央切一道不要切斷，再往左
　　右片開，蓋上保鮮膜後以擀麵棍等敲打，使其厚度均
　　勻，將保鮮膜取下。

2　撕下生火腿一半的量，整個攤開來在雞肉上，巴西里
　　葉也鋪上一半的量。將雞肉整個捲緊，用棉線綁緊（如
　　照片）。另一片雞肉也做一樣的處理。

3　將步驟 2 的雞肉捲放在鋪了烤盤紙的烤盤上，淋上 1
　　大匙橄欖油、灑上鹽巴，使用預熱到 200℃ 的烤箱烤
　　約 18 分鐘左右。取出之後在室溫下靜置約 10 分鐘以
　　上再切開分裝擺盤。裝飾一些巴西里葉（不在食譜分量
　　內），再於盤上淋少許橄欖油。

燒烤羊肉

香氣十足的羊肉搭配柔和又濃郁的醬汁。酸豆中的酸味是秘密提味。

帶骨羊肉

芒果

續隨子（酸豆）

茅屋起司

橄欖油

材料	容易製作的分量

帶骨羊肉 ——— 4 片（約 280g）

芒果 ——— 20g

茅屋起司 ——— 30g

續隨子（醋漬酸豆）——— 1 大匙

橄欖油 ——— 1 大匙 + 1 大匙

鹽 ——— 近 1 小匙

胡椒 ——— 適量

做法　　　　　　　加熱時間：約 3 分鐘

1　將芒果剝皮之後切 5 mm塊狀，把酸豆剁碎。將芒果、酸豆、茅屋起司、橄欖油 1 大匙都放進大碗之中，快速拌一下。

2　將橄欖油 1 大匙放入平底鍋中，開中火，在熱鍋的時候將鹽和胡椒灑在羊肉上。油變熱之後，將羊肉平均放入鍋中，煎大約 2 分鐘。變成稍帶金黃色後翻面，再煎 1 分鐘左右，直到肉變得有彈性、稍微膨起來就可以了。

3　將步驟 2 和 1 的材料盛裝在盤上，灑上胡椒。

Mémo

羊肉在煎出金黃色之前都不要去動它。在肉的美味都封在裡面之後，再行翻面。

烤高麗菜捲

徹底加熱、吸收了肉類美味的高麗菜風味絕佳。這是做得非常大、切開來分享的一道餐點。

豬碎肉

高麗菜

蘑菇

百里香

大蒜

材料 👤 **容易製作的分量**
（使用 Staub 公司 17 cm的 oval 鍋）

高麗菜葉 ──── 約 6 大片

豬碎肉 ──── 400g

蘑菇（剁碎）──── 1 包量（約 120g）

大蒜（剁碎）──── 1 瓣

百里香 ──── 1 支

鹽 ──── 1 小匙

胡椒 ──── 適量

做法 🕐 **加熱時間：約 36 分鐘**

1　將高麗菜放進耐熱容器、包上保鮮膜，以微波爐加熱 6 分鐘左右使其變柔軟。在不燙之後就將葉片從葉芯切下，將葉芯剁碎。把一半的豬肉切丁，和另外一半一起放入大碗中，再加入剁碎的葉芯、蘑菇、大蒜、由枝上擰下的百里香葉片及鹽巴、胡椒，徹底拌勻。

2　將鋁箔紙鋪一長條在能夠於烤箱中使用的鍋子上，再鋪滿高麗菜葉片。將步驟 1 的肉泥滿滿鋪在高麗菜當中，把高麗菜葉片向內捲起之後，蓋上鍋蓋。

3　使用預熱到 200℃的烤箱烤約 30 分鐘左右。不那麼燙之後就連同鋁箔紙一起取出，切為小塊。

Mémo

高麗菜只要翻過來切除芯頭，將葉片放在流水下沖洗就能夠很漂亮的一片片分開囉。豬肉一半切丁能夠融合口味，剩下的一半直接放進去也能保留口感。

為了要在最後拿的時候比較好拿，鋪鋁箔紙的時候要讓紙從鍋子兩邊垂下來。

蒸烤鮭魚蔬菜

簡單又清爽的蒸烤，添加起司做成的醬料提升飽足感！

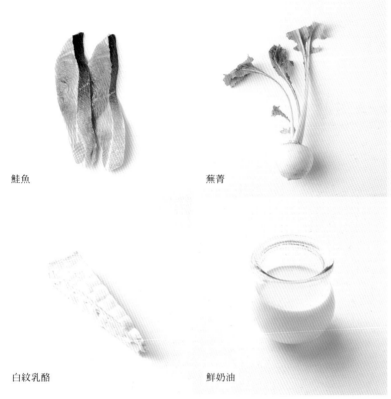

鮭魚　　　　　　　　蕪菁　　　　　　　　大蒜

白紋乳酪　　　　　鮮奶油

材料　　　　　　　　　♀ 2 人份

鮭魚片 ——— 2 片（約 260g）

蕪菁（帶葉片）——— 2 顆（約 145g）

大蒜（切薄片）——— 1 瓣

白紋乳酪（或藍紋乳酪等）——— 50g

鮮奶油 ——— 1/4 杯

鹽 ——— 1/2 小匙

粗粒黑胡椒 ——— 適量

水 ——— 1/4 杯

Mémo

鮭魚可以用白肉魚取代；蔬菜也可以換成蔥或者綠花椰、馬鈴薯等、紅蘿蔔等，也都非常美味。由於是將鮭魚放在蕪菁片上蒸烤，因此火力會比較慢進到鮭魚，能夠蒸的非常軟。

做法　　　　　　　⏱ 加熱時間：約 10 分鐘

1 將蕪菁徹底洗乾淨之後，從根部切開來，將果實（根部）連皮切成厚度 5 mm 的圓片。葉莖切為小段，葉片用滾刀切好。

2 將步驟 1 的果實與葉莖、大蒜排在平底鍋中，將鮭魚平均放在上面。加水之後將鹽灑在鮭魚上。蓋上蓋子開中火，聽到沸騰的聲音之後，將火轉小，開著約 8 分鐘左右煮熟魚肉，添加蕪菁的葉子之後關火，靜置約 1 分鐘左右，盛裝於盤上。

3 保留蒸烤留下的湯汁，並將切為 2 cm 塊狀的起司及鮮奶油倒進平底鍋中，開中火，沸騰之後將火轉小，等到起司融化之後就關火，淋在鮭魚片上、灑上胡椒。

豬肉捲白肉魚

薄薄的豬肉片將魚包得剛剛好，不管是美味還是分量感都加倍。

白肉魚

豬肉薄片

帶枝番茄

迷迭香

橄欖油

材料	👤 2 人份

白肉魚切片 ── 2 片（約 200g）

豬肉薄片（火鍋用）── 4 片（約 50g）

番茄（帶枝）── 2 枝（約 110g）

迷迭香 ── 2 枝

橄欖油 ── 1 大匙

鹽 ── 1/2 小匙

胡椒 ── 適量

做法　　　🕐 加熱時間：約 15 分鐘

1　以兩片豬肉捲起一片魚肉，都放進耐熱容器後，灑上鹽與胡椒。

2　在步驟 1 的空位處擺上番茄，灑上長度切成一半的迷迭香並淋上橄欖油。

3　使用預熱到 220℃ 的烤箱烤約 15 分鐘左右。

Mémo

也可以用培根取代豬肉來捲魚肉。放進耐熱容器的時候，將豬肉捲完的那面朝下放，就不容易散開。如果使用吐司烤箱來烤的話，大約是 12 ～ 15 分鐘。

法式絞肉鹹派

這是沒有添加起司的鹹派，因此非常清爽。和紅酒也非常對味。

牛絞肉

半風乾番茄

雞蛋

冷凍派皮

肉豆蔻粉

材料　　　　　　　　　👤 2 人份

冷凍派皮 —— 1/2 片（50g）

牛絞肉 —— 160g

半風乾番茄（剁碎）

　　　—— 2 小匙（6g）

肉豆蔻粉 —— 1/4 小匙

雞蛋 —— 2 顆

鹽 —— 約 1/3 小匙

胡椒 —— 適量

做法　　　　　🕐 加熱時間：約 1 小時 10 分

1　以擀麵棍將派皮推開、延展成薄薄的一片，鋪進耐熱容器當中，將烤盤紙裁切成比派皮還大一圈，鋪在派皮上加重（使用重石等），放進預熱到 180℃ 的烤箱烤約 20 分鐘左右。等到派皮的表面變得乾燥，就將重石及烤盤紙拿起來，再烤 8 分鐘左右使派皮底呈現金黃色。

2　將絞肉放進大碗中包上保鮮膜，以微波爐加熱 2 分鐘左右。拌開後將其餘材料全部加進去，徹底拌勻。

3　將步驟 2 的絞肉填入步驟 1 的派皮內，使用預熱到 180℃ 的烤箱烤約 40 分鐘左右。

Mémo

將派皮烤 20 分鐘之後，拿起烤盤紙確認派皮表面是否已經乾燥。如果感覺還非常生，就仍然壓著重量繼續烤一下。如果還很生就把重量拿起來的話，派皮會膨脹起來。

Soupes

湯品的魅力就在於，能夠直接品嘗顏色及香氣。

重點就是組合搭配材料的方式。

還請享用那在口中交織出的無窮「妙」味。

甜菜湯

有著鮮豔色彩的甜菜，營養價值也非常高。搭配帶點鹹味的藍紋乳酪，能夠帶出整道湯品的香甜。

甜菜

巴西里

杏仁片

藍紋乳酪

材料　　　　　　　　👤 2 人份

甜菜（罐頭）——— 1 罐（200g）
藍紋乳酪（打碎）——— 8g
杏仁片 ——— 1 小匙
巴西里葉（剁碎）——— 1 小匙

做法　　　　　　　🕐 加熱時間：約 5 分鐘

1　將甜菜的湯汁瀝掉之後，由罐頭中取出。放進食物調理機中，攪拌直至甜菜變軟成湯汁狀。將甜菜放進大碗當中，包上保鮮膜，放進冰箱冷藏。

2　將杏仁片放入平底鍋中，以小火炒 5 分鐘左右。等到杏仁上色、且冒出香氣之後，就關火冷卻。

3　將步驟 1 的甜菜湯盛入容器中，灑上起司、杏仁片、巴西里。

Mémo

使用食物調理機攪拌甜菜之後，如果喜歡濃稠一點，可以添加原先罐頭中的湯汁來進行調整。起司的鹹味是口味的重點，因此藍紋起司絕對不可或缺！

洋蔥濃湯

洋蔥濃郁香甜與雞湯融合在一起。重點是將洋蔥加熱到出現「黏稠感」。

洋蔥

法國麵包

乳酪絲

奶油

雞肉高湯

材料 　　　　　🧍2 人份

洋蔥（切薄片）———— 2 顆（約 570g）

奶油（無鹽）———— 20g

雞肉高湯 ———— 550㎖

法國麵包（切薄片）———— 2 片

乳酪絲 ———— 兩把

鹽 ———— 適量

做法 　　　　　🕐 加熱時間：約 35 分鐘

1　將洋蔥及奶油放進耐熱容器中，不包保鮮膜，直接放進微波爐加熱 2 分鐘→將奶油和洋蔥拌一拌，再加熱 8 分鐘→整體攪拌均勻再加熱 8 分鐘→洋蔥開始有些變色之後再加熱 4 分鐘，攪拌均勻。不斷重複以上步驟，直到整體變為濃稠且呈現棕色。

2　將雞肉高湯及步驟 1 的洋蔥放入鍋中，開中火。沸騰之後將火轉小，煮 2 分鐘左右。試一下味道，以鹽巴調整。

3　將步驟 2 的湯品倒進耐熱容器中，放上長棍麵包、灑上起司，使用預熱到 240℃的烤箱烤約 7 ～ 8 分鐘左右直到表面呈現金黃色。

Mémo

將洋蔥切為均一的薄片，能讓它比較快熟。製作焦糖色洋蔥的時候，很容易因為高溫而燙傷，還請多加留意。如果洋蔥變成黑色的話會很苦，請將黑色部分取出。

南瓜牛肝菌濃湯

蔬菜的甘甜與香氣十足的牛肝菌交織出口味濃郁的湯品。

南瓜

牛肝菌

洋蔥

鮮奶油

材料　　　　　♀ 2 人份

南瓜 ——— 1/8 個（淨重 180g）

牛肝菌（乾燥）——— 2 片（約 6g）

洋蔥 ——— 1/4 顆（約 50g）

鮮奶油 ——— 1 小匙

鹽 ——— 稍多於 1/2 小匙

水 ——— 1 杯 +1/3 杯

做法　　　　　🕐 加熱時間：約 15 分鐘

1　將南瓜去皮去籽之後，準備淨重 180g 的南瓜肉。洋蔥去皮後和南瓜一起切成一口大小，放入鍋中。加入 1 杯水及鹽巴，蓋上鍋蓋開中火。沸騰後轉為小火，加熱 8 分鐘左右。等到南瓜變的鬆軟就關火。

2　以廚房紙巾將牛肝菌擦拭乾淨後，牛肝菌和 1/3 杯水一起放入大碗中，靜置 10 分鐘左右泡開。

3　將步驟 1 的南瓜及洋蔥、步驟 2 的牛肝菌連同泡的水一起放入食物調理機中，攪拌直到所有材料變柔軟狀態。將材料移至鍋中加熱，試一下味道，若太過清淡就添加鹽巴（不在食譜分量內）攪拌均勻，盛裝於容器當中，淋上鮮奶油。

Mémo

牛肝菌在法國被稱為「cèpe」。重點在於添加量要讓人覺得若有似無。如果添加了香氣過於濃郁的菇類，南瓜的風味就會消失。鹽味只需要添加到讓人能夠感受到湯品的香甜即可，請適量調整。

核桃濃湯

飄盪著些許肉桂香氣的濃湯。烤過的核桃香氣則餘韻無窮更添美味。

核桃

洋蔥

肉桂粉

材料	👤 2 人份

核桃 ——— 50g

洋蔥 ——— 1 顆（約 210g）

肉桂粉 ——— 少許

鹽 ——— 1/2 小匙

水 ——— 約 1 杯

做法　　　　　　　　　🕐 加熱時間：約 15 分鐘

1 將核桃放進平底鍋中、開小火，慢慢翻炒，直到開始冒出香氣且觸摸時核桃會燙為止。

2 將洋蔥去皮之後切為一口大小，放入鍋中。加水、蓋上鍋蓋、開中火。沸騰之後將火轉小，煮六分鐘左右直到洋蔥軟爛之後再關火。

3 將步驟 1 和步驟 2 的材料都放入食物調理機當中，攪拌到變為濃稠狀態之後再移到鍋內。開火添加鹽巴、水（不在食譜分量內），調整成自己喜愛的濃度，盛裝到容器中、灑上肉桂粉。

Mémo

核桃也可以使用預熱到 150℃ 的烤箱烤約 10 分鐘左右。洋蔥當中的水分會改變湯的濃度，因此請用最後添加的水量來調整。

Desserts

只需要五項以下的材料，不管是要烤的點心或是冰的點心都能做得出來。

因為非常簡單，應該會經常想做吧。

以下介紹四種類型不同的點心。

椰子法式百匯

只需要冷凍就能做好的簡單點心。重點就在於南國風味以及花生口感。

蘋果

花生

椰奶

蜂蜜

材料 　　　　　　　🍮布丁模型 4 個量
（直徑 5 ×高 5 cm、容量 50㎖）

蘋果（剁碎）———— 1/4 顆（約 180g）

椰奶 ———— 1/2 罐（200g）

花生（剁碎）———— 40g

蜂蜜 ———— 6 大匙

做法 　　　　　　　🕐 加熱時間：約 1 分 30 秒

1　將蘋果放入耐熱容器中，包好保鮮膜，以微波爐加熱約 1 分 30 秒左右，蘋果軟了就可以拿掉保鮮膜、靜置冷卻。

2　將椰奶、步驟 1 的蘋果、花生、蜂蜜都放進大碗中仔細攪拌均勻，倒進模型裡。

3　將步驟 2 的模型放入冷凍庫中，冰 3 小時～一個晚上。要吃的時候就將模型稍微泡一下熱水，然後把刀子插進模型內側繞一圈，再把模型翻過來、將內容物倒出。

Mémo

法文當中的「parfait」是指冷藏後凝固的甜點。剛從器皿中翻出來時還有點堅硬，稍微放一下，融化到湯匙剛好能夠切下去時，就是最適合享用的時候。

香草巴伐利亞奶凍

秘訣就在於巴伐利亞奶凍的糊底開始變得黏稠的時候再倒入模型當中。這樣就會有滑嫩的口感。

香草莢

雞蛋

明膠

牛乳

細砂糖

材料　👤 甜甜圈型模型 4 個量
（直徑 6.5 ×高 2 cm、容量 50㎖）

蛋黃 —— 2 顆

細砂糖 —— 30g

香草莢 —— 1/4 支

牛乳 —— 150㎖

明膠（板狀或粉狀明膠。依指示加水增量）
—— 3g

Mémo

要從模型中拿出來時，留心不要泡太久熱水。
只要讓周圍有點融化，裝盤的時候會看起來像
是淋了醬汁，那樣的感覺就可以了。

做法　🕐 加熱時間：約 5 分鐘

1　將蛋黃與細砂糖放入大碗中，以打蛋器仔細攪拌均勻。

2　切開香草莢，將種籽刨出。將種籽、豆莢、牛奶放入鍋中，開中火，等到鍋邊開始冒出泡泡，就將這些材料倒進步驟 1 的大碗當中，仔細攪拌均勻之後再移回鍋內。開著小火不斷攪拌，等到變成濃稠狀態之後關火，取出香草莢，添加明膠進去、使明膠融化。

3　將步驟 2 的鍋底放在冰水上，一邊攪拌一邊觀察液體狀態，變得黏稠之後就倒進模型裡，放進冰箱 2 小時～一個晚上待其凝固。要食用的時候就將模型浸在熱水（70℃左右）當中幾秒，再把器皿翻過來、倒出內容物。

甜櫻桃蛋糕

除了甜櫻桃以外，也可以放上白葡萄或黑葡萄、藍莓或者蘋果薄片都可以！

Entrées

Salades

Plats

Soupes

Desserts

櫻桃

雞蛋

奶油

細砂糖

低筋麵粉

材料　　　　　　　　♀ 方形 1 個量
（11 × 14 ×高 4 cm、容量 616㎖）

櫻桃 ——— 約 20 顆

奶油（無鹽、退冰至室溫）——— 80g

細砂糖 ——— 80g

低筋麵粉 ——— 100g

蛋液 ——— 2 顆

Mémo

將雞蛋和奶油拌在一起其實非常容易分離，因此會加入一點麵粉來吸收雞蛋的水分，以防止兩者分離。這時候用打蛋器去攪拌的話，會產生太多麵筋導致麵團過硬，因此要用橡膠刮刀來混合材料，這樣口感比較好。甜櫻桃全部切面朝下的話，會讓麵糊不容易熟，壓太用力則可能會沉下去，因此擺放的時候要多加留心。

做法　　　　　　　⏱ 加熱時間：約 30 分鐘

1　拿掉櫻桃梗、對半直切後去籽。

2　將奶油及細砂糖放進大碗當中，以橡膠刮刀切割拌勻。將一半的蛋液和一半的低筋麵粉加入，使用橡膠刮刀以切割的方式大致拌勻以上材料。再將剩下的蛋液和低筋麵粉也放入，攪拌均勻直到沒有粉感。

3　將烤盤紙舖進模型當中，把步驟 2 的麵糊倒進去，整平表面後，把步驟 1 的櫻桃斜插進麵糊當中，滿滿排在表面上。使用預熱到 180℃的烤箱烤約 28 分鐘左右。

香瓜湯

香瓜和桃子清爽甘甜，是香氣十足的甜湯。

香瓜

白桃

薄荷

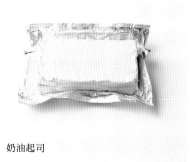

奶油起司

材料　　　　　　　　　👤 **2 人份**

香瓜 ——— 1/2 個（淨重 200g）

奶油起司（室溫下退冰）——— 25g

白桃（罐裝、對半切）
　　——— 對半切的 1 個

薄荷葉 ——— 1 片

做法　　　　　　　🕐 加熱時間：**0 分鐘**

1　將香瓜削皮去籽，準備淨重 200g 的果肉。切成大塊放入食物調理機，攪拌到滑順狀態。倒進大碗當中包上保鮮膜，放進冰箱當中冷藏 20 分鐘左右。

2　將白桃切為 1 cm 塊狀，把薄荷葉切成細絲。將奶油起司放進另一個大碗，加入一大匙罐裝白桃的糖水攪拌均勻。

3　將步驟 1 的香瓜湯盛裝進器皿當中、放上步驟 2 的白桃，把奶油起司倒在湯品中間，灑上薄荷葉。

Mémo

香瓜或哈密瓜只要是使用綠色果肉者即可，不需在意品種。加入奶油起司能讓湯品變得更加濃郁。還請務必享用這道能讓人有著吃下整顆香瓜奢侈感的湯品。

Kyoko Salbot

サルボ恭子

料理家。

為歷史悠久旅館的長女，並向料理家叔母學習之後前往法國進修。

在巴黎極富盛名的旅館「克里雍大飯店」就職及研習，

同時受到法國鄉土料理吸引。

回國後協助料理研究家的工作，目前則於東京、富山及台灣等地都有料理教室。

擅長的是直接面對材料，引出材料具有的天然風味，

在到府料理及外燴時，也能夠將品嘗料理最美味的"瞬間"送到顧客眼前。

同時活躍於雜誌及電視節目，由於其家庭料理簡潔美味，有非常多根深蒂固的粉絲。

著作有『絕品ファルシ』（主婦と生活社）、『長谷園「かまどさん」で毎日テレビ』（河出書房新社）、『夜9時からののめるちょいメシ』（家の光協会）等。

http://www.kyokosalbot.com

TITLE

5 材料 X 3 步驟 下班後的法式料理

STAFF

出版	瑞昇文化事業股份有限公司
作者	サルボ恭子
譯者	黃詩婷
總編輯	郭湘齡
文字編輯	徐承義　蕭妤秦
美術編輯	謝彥如
排版	曾兆珩
製版	印研科技有限公司
印刷	桂林彩色印刷股份有限公司
法律顧問	經兆國際法律事務所　黃沛聲律師
戶名	瑞昇文化事業股份有限公司
劃撥帳號	19598343
地址	新北市中和區景平路464巷2弄1-4號
電話	(02)2945-3191
傳真	(02)2945-3190
網址	www.rising-books.com.tw
Mail	deepblue@rising-books.com.tw
初版日期	2019年10月
定價	320元

ORIGINAL JAPANESE EDITION STAFF

アートディレクション・デザイン	小橋太郎（Yep）
撮影	川上輝明（bean）
スタイリング	池水陽子
校正	株式会社円水社
企画・編集	小橋美津子（Yep）
編集部	原田敬子

國家圖書館出版品預行編目資料

5材料X3步驟下班後的法式料理 / サル
ボ恭子作；黃詩婷譯. -- 初版. -- 新北市
：瑞昇文化, 2019.10
96面；25.7 x 19公分
譯自：いちばんやさしいシンプルフレ
ンチ
ISBN 978-986-401-375-3(平裝)
1.食譜 2.法國
427.12　　　　　　　108016095